AF475137

GRAND CULTIVATEUR VENDÉEN

# NICOLAS TIFFEREAU

80 ANS.

Ma vie a été employée à l'Agriculture pratique, au Commerce et à l'Industrie, et à des emplois honorables.
J'ai utilisé ma longue carrière à être utile à ma patrie, à mon pays, et à rendre heureux tous ceux qui m'entouraient.

PARIS

GAILLARD, IMPRIMEUR-LITHOGRAPHE

8, RUE COQ-HÉRON.

1863

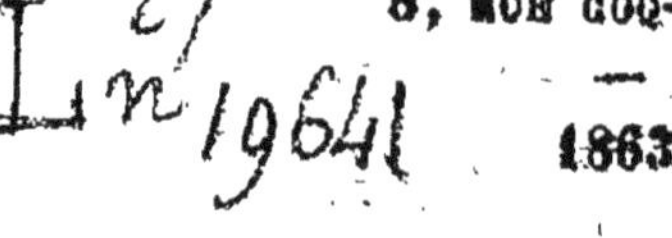

# NICOLAS TIFFEREAU



(80 ANS)

## GRAND CULTIVATEUR VENDÉEN

**Avenue de Neuilly, 150.**

J'ai été maire, adjoint, conseiller municipal, tour à tour, 46 ans; capitaine de garde nationale, 12 ans; électeur du grand collége de la Vendée, un des plus grands cultivateurs de cette contrée (de père en fils), ayant toujours employé 150 à 160 ouvriers cultivateurs; membre de plusieurs sociétés d'agriculture, et notamment de celle de Paris; négociant, armateur et possesseur de plusieurs navires.

J'ai été l'inventeur d'instruments d'agriculture applicables au sol de ma contrée. J'ai appris aux habitants à se servir de la faux. J'allais dans différentes contrées visiter des fermes modèles, y portant mes idées d'amélioration dans l'agriculture, et je rapportais dans mon pays ce qui pouvait être le plus avantageux.

C'est moi qui le premier ai cultivé la pomme de terre et la bette champêtre en grand, ce qui est d'une utilité incontestable pour les habitants et les animaux. J'ai le premier aussi cultivé le colza dans mon pays, j'en ai fait certaines années 35 à 40 hectares, dans les récoltes abondantes.

C'est à moi que l'on doit la pêche de la sangsue; j'ai déterminé, non sans peine, les habitants de la Vendée à s'en occuper; la première fois que je leur en ai parlé, ils m'ont dit : « Bourgeois, que ferons-nous des sangsues? » Ce à quoi je répondis : « Je vous les achèterai. » J'en ai acheté, en effet, des centaines de milliers que j'expédiais sur différents points, ce qui a fait la fortune de bien du monde.

La culture de la pomme de terre, celle de la bette champêtre, du colza et la pêche de la sangsue, sont une richesse réelle pour le pays.

On me voyait parmi les ouvriers; les instruments d'agriculture en main, leur montrant moi-même comme il fallait s'y prendre. Au milieu de nombreux moissonneurs, en face de récoltes abondantes, je voyais des figures rayonnantes de joie, je leur disais : « Mes amis, c'est le fruit de notre travail; la sueur tombée de notre front a fécondé la terre, nous en sommes récompensés, Dieu veut que tout ce qui m'entoure soit heureux. » Deux jours plus tard j'étais à la bourse de Bordeaux, à la Rochelle, à Nantes et sur différents marchés, traitant des affaires de commerce de tous genres. L'on me voyait le lendemain à bord des navires pour les faire charger et décharger; de là, j'allais au conseil municipal, m'efforçant de faire admettre ce qui était dans les intérêts généraux.

J'ose affirmer que pendant 45 ans de ma vie, il ne s'est pas écoulé 48 heures sans que j'aie été occupé, soit d'intérêts de commune, d'agriculture, de commerce, de construction de tous genres, à visiter de nombreux troupeaux de toute espèce, examinant l'état de leur santé et pourvoyant à leur nourriture. J'ai fait faire des progrès immenses à l'agriculture, au commerce et à l'industrie. J'ai employé tous les corps de métiers. J'ai été dévoué à ma patrie et aux malheureux, qui ont trouvé en moi un remède à leurs maux. J'ai été généralement estimé. La pensée de l'emploi de cette longue carrière me rend heureux.

Je suis possesseur de tous ces titres; si quelque personne ou quelque autorité doutait de la sincérité de mon exposé, elle pourrait s'adresser à M. le maire de la ville de Neuilly, qui a pris lecture de mes titres avec beaucoup d'attention; si quelqu'un croyait avoir intérêt à les voir, sachant que cela pourrait lui être de quelque utilité, je me ferais un vrai plaisir, les pièces en main, de le tirer d'incertitude.

Mon grand-père était cultivateur, mon père était un des plus grands cultivateurs de France. Il a commandé à une grande exploitation d'agriculture de 16 à 1,700 hectares de terre; il a possédé 2,000 à 2,500 têtes de gros bétail. Il a été un des cultivateurs les plus entendus de son temps, et, quoiqu'il se soit écoulé les trois quarts d'un siècle, il reste dans le pays des souvenirs de ses bienfaits.

Je m'honore d'avoir, dès mon enfance, suivi l'état de mes pères. Dans l'emploi de ma longue carrière, l'agriculture a tenu le premier rang dans mes grandes occupations. Le détail que je donne prouvera que j'ai été l'ami des grandes choses et des innovations.

Au moment de la révolution, mon père était fermier de tout le marais commandeur de Puyraveault-Vendée qui appartenait à l'ordre de Malte; ce marais consistait dans la commanderie et dans les terres qui en faisaient partie, et de plus dans les grands corps d'exploitation dont les noms suivent: la cabane de la Porte, la cabane du Four, la cabane nommée la Grande-Cabane, la cabane du Fondreau, la cabane de la Renardière, la cabane la Martinière, la cabane des Vignes, la cabane du Petit-Temple, la cabane du Grand-Temple, la cabane de la Coulombrie, la cabane de la Loge et des cabanes des Verdinières.

Mon père jouissait avec cela de la cabane de Charlebourg, de la cabane de Laval, de la cabane de la Rosilière, de la cabane du Grand-Boneuf, de la cabane de Sainte-Marie, de la cabane du Logis; ces dernières cabanes étaient situées dans le marais du Petit-Poitou, commune de Sainte-Radégonde des Noyers.

Mon père jouissait encore de la cabane du Petit-Centenaie, et de la cabane du Grand-Centenaie, commune de Saint-Jean de Liversaie, département de la Charente.

Mon père jouissait encore d'une grande cabane nommée Richebonne, commune de Charon; cette cabane, à cette époque, n'avait pas moins de 600 hectares; il jouissait aussi de la métairie de Saint-Pic et de différentes parcelles de terre; les propriétés de mon père étaient comprises dans celles ci-dessus nommées.

Chacun de ces grands corps d'exploitation n'avait pas moins de 12 à 15 personnes en temps ordinaire, et en terme moyen, et dans le moment des travaux de récolte, il n'y avait pas moins de 20 à 25 personnes dans chaque propriété. On peut juger quel était ce personnel; toutes ces propriétés étaient peuplées du plus beau bétail qu'on puisse rencontrer.

J'ai été obligé d'entrer dans tous ces détails afin que cela puisse servir de souvenir au pays. Les personnes de bon jugement peuvent dès lors apprécier ce que pouvait devenir cette grande agriculture, cette grande fortune de mon père pendant trois ou quatre ans de guerre civile acharnée de la Vendée.

On voyait les chaumières, les châteaux et les villages en feu; mon père recevait des ordres par réquisition pour fournir à la fois 15 et 20 charrettes attelées chacune de 4 à 6 bœufs conduites par deux hommes et chargées soit de foin, soit de grains, ou destinées aux

besoins la guerre. Quelques-unes de ces charrettes ne revenaient plus. Ces ordres étaient impérieux.

Souvent le lendemain arrivaient de nouveaux ordres pour aller se battre contre des frères, contre des amis, et laisser les récoltes sur pied, qui se perdaient.

Autre malheur, il y avait des bandes de voleurs, qui n'appartenaient à aucun parti et qui venaient enlever ce qu'on avait de plus précieux; le plus fort s'emparait de ce qu'avait le plus faible; toutes les lois, toute la police et tous les jugements étaient anéantis ou paralysés. Mon père a tout payé jusqu'au dernier centime des pertes que cette guerre lui avait occasionnées : eh bien, au milieu de tous ces désastres, j'ai eu assez de courage et d'énergie pour lutter contre toutes ces difficultés, quoique bien jeune encore.

Mon père a été victime de la guerre civile de la Vendée; il a perdu sa fortune qui avait été acquise honorablement; la pensée des malheurs de cette guerre civile et la perte de sa fortune ont abrégé sa vie. Il me disait souvent : Continue toujours, mon fils, l'état de cultivateur; le travail féconde la terre; le travail de la terre donne de la force, du courage et de la santé et inspire les idées d'avoir une vie paisible et de vivre honnête homme.

Quelques jours avant de mourir il me disait encore : Les pâturages et le labour sont les mamelles nourricières de l'Etat.

A sa mort je continuai les données de l'enseignement qu'il n'avait inspirées sur l'agriculture. Je continuai avec les débris de sa fortune à cultiver et à faire cultiver. Je faisais produire à la terre des récoltes abondantes ; je voyais mon bétail qui était beau et profitait beaucoup; mais il existait un malaise qui n'était pas tenable — toutes ces récoltes, tous ces produits restaient entassés sans pouvoir en tirer aucun parti; — le sol vendéen était encore empreint du sang humain que la guerre civile avait fait verser; on ne voyait que des monceaux de cendres, des masures et un bouleversement général par suite des luttes qui avaient existé et qui donnaient encore aux étrangers une crainte de mettre le pied sur le sol vendéen; tous les hommes de commerce avaient abandonné cette contrée.

Quand je me voyais au milieu de tous mes produits les bras croisés sur ma poitrine, et sur le point de manquer de tout, je me livrais à mille réflexions; je ne savais de quel côté tourner la tête pour trouver un remède à mes peines. L'idée me vint de me rendre dans la Charente pour tâcher de faire quelques ventes de mes produits. On conservait encore des souvenirs du nom de mon père qui me valurent un bon accueil partout où je me présentai et me donnèrent des moyens faciles de faire la vente de mes récoltes. Je retournai chez moi bien content; je me disais en moi-même : Si je pouvais être utile à ma contrée. Je livrai le plus promptement possible les marchandises que j'avais vendues, et je retournai dans la Charente où j'en fus payé. Je fis encore des ventes considérables je voyais alors que je pouvais être de grande utilité à ma contrée : je joignis le commerce à l'agriculture; en rendant de grands services, je grossissais mon avoir; je pouvais avoir tout le crédit que j'aurais désiré dans différentes maisons.

Il y a 54 à 55 ans, je fus nommé maire de ma commune; j'avais de grandes occupations, mais rien n'était négligé, j'étais bien secondé, je dormais peu; au moment du début de mes grandes occupations, j'avais pour témoins M. Merlet, préfet de la Vendée, le général Traveau, pacificateur de la guerre civile, dont la statue en bronze orne une des places de Napoléon-Vendée et M. de Barante, qui a succédé à M. Merlet, préfet; ces trois grands personnages me voyaient souvent, et remarquaient mon activité ainsi que les services que je rendais dans ma contrée et à ma patrie. Ces hommes existeraient aujourd'hui, ils viendraient attester la sincérité de mon exposé. Je joignis à mon commerce le commerce maritime et je devins négociant armateur et possesseur de plusieurs navires; mes travaux d'agriculture allaient toujours leur train; ma demeure me donnait de grandes facilités; j'étais à une lieue de l'embouchure de la Sèvre-Niortaise donnant à la mer; j'avais la facilité de faire mes chargements depuis les portes du Grand-Grenier jusqu'au port de Maurique, je longeais la mer dans toute cette distance, ce qui me donnait la facilité d'expédier sur tous les points; j'étais connu et estimé par beaucoup de maisons de commerce de différentes villes, notamment à la Rochelle dans la maison de Babu aîné où j'avais un crédit de 110 à 120 mille francs.

Au moment où les gardes d'honneur furent institués, j'en fis partie. Là, en présence d'un conseil de révision, M. de Barante, préfet, dit que je ne partirais pas, parce que j'étais utile dans ma contrée et que je rendais de grands services à ma patrie et que j'étais maire et qu'il ne voulait pas me destituer de ma place. Tous ces faits sont connus et incontestables.

En 1812, dans le moment où les grains valaient 800 à 900 fr. les 15 hectolitres, la misère était bien grande; il y avait des attroupements sur tous les points en France, où le peuple demandait du pain. Il y eut des faits pénibles d'accomplis pour porter crainte au peuple. Dans l'arrondissement de Fontenay, il se formait aussi des attroupements; je fis conduire des voitures à tous les marchés de Fontenay, des grains que je vendais 60 à 70 francs par tonneau au-dessous du cours; ce qui tranquillisa le peuple. Ces faits ne peuvent pas être contestés, il y avait pour témoins toute une population qui voyait arriver ces grains avec joie, M. Bernard, sous-préfet, et M. Bréchaud, et l'on trouverait encore dans les archives des pièces qui justifieraient ces faits. C'était à une distance de chez moi de 7 à 8 lieues. Dans ma contrée, personne ne manquait de grains, j'en vendais même à crédit aux malheureux; j'ai fait à cette époque des sacrifices immenses et ma patrie ne m'en a jamais tenu aucun compte. Quelques jours plus tard, je me trouvais à la Rochelle où se trouvait M. Fonrouge, agent des vivres de la guerre, qui se trouvait dans l'impossibilité de faire des fournitures aux troupes. Le général baron de la Rafinière, qui commandait les 12e et 13e divisions militaires, me fit mander en présence de M. Boissy d'Anglas, sénateur, qui avait été appelé à la Rochelle par l'Empereur pour une mission bien délicate. Le général me demanda : « Monsieur Tiffereau, pourriez-vous faire des fournitures aux troupes qui sont à l'île Dé et vont se trouver sans vivres? vous rendriez un service éminent à la patrie. » Je répondis sans hésiter que oui, avec son appui. Il me donna une autorisation par laquelle je pouvais prendre des grains en réquisition, partout où il s'en trouverait; mais, grâce à la confiance illimitée qu'on avait en moi, je pus me dispenser de recourir à ce moyen violent, dès lors toujours pénible; les propriétaires qui avaient des grains venaient me les vendre, et, avec les grains que j'avais déjà à la Rochelle, je fus assez heureux pour faire disparaître en 48 heures l'inquiétude qui existait et fournir aux besoins qu'on avait et prouver à la France entière que s'il faut de grands capitaines pour faire respecter la dignité des nations, il faut des cultivateurs comme moi pour les nourrir.

Dans les dernières guerres que la France a eues avec l'Espagne, j'ai été chargé d'acheter de grandes quantités de foin pour les besoins de l'armée d'Espagne. Les animaux manquaient de fourrages. J'ai fait charger plusieurs navires au corps de garde de Charon, lieu de chargement, pour la destination de l'armée. Ces achats et ces expéditions sont connus des habitants de toutes les communes du canton de Chaillié-les-Marais-Vendée.

J'aurais pour témoignage de l'activité des services que j'ai rendus à cette époque, M. Polledivois, préfet de la Vendée, sénateur, et M. Bonnin, qui a été de longues années sous-préfet de Fontenay-le-Comte et préfet en 1848 à Napoléon-Vendée, existant aujourd'hui. Ces hauts fonctionnaires viendraient, avec toute la franchise de l'honneur, donner des témoignages honorables de ma vie.

Je suis possesseur de tous mes titres qui attestent les différentes périodes de ma vie; — ces pièces sont signées de plusieurs autorités, maires et conseillers municipaux, 22 membres du conseil général et de différents personnages les plus notables de la Vendée; toutes ces pièces sont signées et légalisées par plusieurs sous-préfets et préfets de plusieurs départements; —ces titres ne laissent aucun doute sur l'emploi de ma vie. — Je suis aussi possesseur de titres honorables de bien dignes ecclésiastiques, notamment de Mgr Balèse, évêque de Luçon, qui attestent la moralité de ma vie : mon nom et celui de Mgr l'évêque de Luçon se trouvent déposés, avec les pièces, dans les cartons du ministère de l'intérieur et dans les archives de l'archevêché de Paris.

Malgré que ma vie n'a pas été toujours parsemée de fleurs, et que j'ai eu beaucoup de travail et de difficultés à surmonter, puisque je me suis trouvé au milieu de tous les désastres du bouleversement de la guerre civile qui m'avaient si cruellement été si préjudiciables, j'ai eu aussi, dans mes commerces, à surmonter des pertes occasionnées par des faillites. Dans mon commerce maritime j'ai supporté également, par suite de tempêtes épouvantables, des pertes de navires; et malgré tous ces malheurs, je dis avec orgueil qu'aucune personne ne peut dire qu'elle avait perdu un centime avec moi et que je m'étais jamais fait attendre dans mes engagements.

J'ai eu à commander à des personnes; ce qu'elles n'avaient pas vu faire à leurs grands-pères et qui était nouveau ne valait rien : elles m'ont dit souvent : « Le bourgeois, nos pères ne faisaient pas tout cela, ils vivaient bien tout de même. » — Je leur répondais : « Oui, mes amis, comment vivaient-ils ? Il y en avait qui avaient 60 ans et qui n'avaient jamais mis de souliers dans leurs pieds ni de chapeau sur leur tête; — ils mangeaient le plus souvent du pain noir et ne buvaient que de l'eau; tandis que vous autres, vous êtes bien habillés, vous avez de l'aisance dans vos ménages, alors qu'eux manquaient du nécessaire. »

Quelques-unes de ces personnes véridiques :

« Le bourgeois dit bien la vérité. »

Eh bien, avec de la douceur et de la persévérance, ils m'ont compris et m'estimaient.

Malgré toutes les tribulations que j'ai rencontrées dans ma vie, elle serait à recommencer, je ne changerais rien.

Des milliers de personnes et beaucoup qui m'ont connu me disaient : Comment! vous n'avez pas une décoration! si j'étais à votre place, j'en demanderais une à l'Empereur. — J'ai répondu : A quoi me servirait cette décoration à l'âge où je suis, penché sur le bord de ma tombe par le nombre des années, pour quelques jours qui me restent à vivre? j'ai une décoration qui date du 10 juillet 1814, décoration que je n'ai jamais portée; cette décoration devait m'être donnée par l'Empereur Napoléon 1er, elle avait été demandée par le général baron de la Rafinière et par M. Bernard, sous-préfet de Fontenay, pour les services que j'avais rendus; mais les malheurs de la France et le départ de l'Empereur ont empêché de me donner cette récompense méritée.

J'en ai une autre que j'ai reçue avec la vie, que je porte dans mon cœur; chaque battement de mon cœur porte à ma pensée le souvenir des bienfaits de ma longue carrière; cette pensée m'est plus agréable que la vue de toutes les décorations méritées que je ne pourrais porter sur ma poitrine.

Je n'ai pas eu l'honneur d'être militaire, mais j'ai

l'honneur d'être Vendéen et de ceux qui n'ont jamais reculé devant les ennemis de ma patrie ni devant aucun sacrifice. Je l'ai prouvé plus d'une fois. Je ne me suis jamais laissé attendre quand ma patrie a eu besoin de moi.

## AGRICULTURE PRATIQUE. — OBSERVATIONS UTILES

J'aurais pu donner de grands détails sur l'agriculture pratique, mais ils deviendraient trop étendus pour le cadre restreint de cette brochure. Je me bornerai à émettre des idées capables, je le crois, d'améliorer et de faire avancer l'agriculture. La terre fournit tout ce qui est nécessaire à la vie de l'homme; plus elle est cultivée et plus elle produit. Dans ce moment elle ne donne que moitié de ce qu'elle pourrait produire, faute de cultivateurs. L'agriculture existe depuis que les hommes existent. Il s'est écoulé des milliers de siècles, et l'agriculture est encore dans l'enfance.

J'ai toujours pensé que l'agriculture en théorie avait retardé l'agriculture pratique. Le gouvernement a fait des sacrifices immenses pour l'agriculture, et ils n'ont pas eu les résultats auxquels on s'attendait. L'agriculture en théorie avait promis des résultats immenses, et n'a rien donné. Cinquante fois dans ma vie, j'ai vu des personnes, des savants de bonne foi qui ont voulu faire de l'agriculture pratique à leur compte, qui n'ont rien fait de bon, et beaucoup se sont ruinés; espérons que l'avenir sera plus heureux; la découverte de la vapeur et des puits artésiens donne des espérances fécondes. La vapeur a déjà fait son apparition sur les progrès de l'agriculture, les puits artésiens sont appelés à amener beaucoup de ces améliorations.

La découverte des puits artésiens est la plus riche qu'on ait faite dans les siècles passés et qu'on fera peut-être dans les siècles à venir pour l'agriculture. Combien de contrées qui sont arides, combien de terres incultes deviendraient fertiles! Combien de récoltes de tous genres, combien d'animaux utiles, combien de gibier qui se multiplieraient et viendraient en aide aux besoins de la consommation! Hommage à l'État qui en ce moment fait exécuter dans plusieurs endroits de notre Algérie des sondages pour faire jaillir des eaux artésiennes. Plusieurs travaux ont déjà produit les meilleurs résultats, une eau limpide et salubre sert déjà à l'irrigation dans les endroits autrefois les plus arides. Il serait à désirer que pareilles choses se fissent dans la France même, dans les contrées ardues et peu fertiles comme la Sologne et les Landes.

Les eaux artésiennes sont indistinctement bonnes pour l'agriculture, car celles des puits de Grenelle et de Passy sont considérées pour être les meilleures. L'eau du puits de Passy est d'abord excellente pour le poisson, car des essais ont été faits et le poisson s'y plaît parfaitement bien. Il serait même nécessaire de faire de pareils essais sur les plantes.

Une autre chose également digne d'attirer l'attention des cultivateurs est l'avantage de cultiver avec des bœufs quand le terrain le permet. Le bœuf prend de la valeur en vieillissant, tandis que le cheval perd de la sienne. Celui-ci coûte beaucoup plus à nourrir que le premier; le bœuf donne plus d'engrais que le cheval; les harnais et l'entretien du cheval sont beaucoup plus coûteux que ceux du bœuf. Deux courroies suffisent pour l'atteler, et s'il lui arrive un accident, on ne perd qu'un cinquième de sa valeur; s'il en arrive autant à un cheval, on le perd tout entier. La culture faite avec des bœufs donne de grandes quantités de résidus à la consommation. Le cultivateur en tire de grands avantages. En réservant les chevaux au service de la cavalerie, des voitures, des chariots de toute espèce, on augmente l'activité de ces transports, pour lesquels les chevaux manquent journellement.

Le gouvernement a fait de grands sacrifices pour l'amélioration des viandes, et ses efforts ont eu le meilleur résultat. Les concours d'animaux qui ont eu lieu depuis quelques années ont donné des avantages immenses et livré une grande quantité de viandes en plus à la consommation, surtout depuis le règne de Napoléon III. Les récompenses accordées à ce sujet ont réveillé l'amour-propre chez les nourrisseurs et, qui mieux est, ont eu pour résultat de produire des animaux supérieurs dus à des croisements judicieux de diverses races.

Il serait à désirer que le gouvernement attirât dans les campagnes, au moyen de sacrifices, les ouvriers inoccupés des grandes villes qui avaient quitté l'agriculture pour se jeter à corps perdu dans les travaux dirigés par la vapeur. Ils avaient laissé leur vieux père et leurs jeunes frères trop faibles pour cultiver la terre ; la vapeur, qui s'est répandue sur tous les points du globe, peut fabriquer en trois mois les produits nécessaires à tous les besoins de l'année, et pendant neuf mois il y a des centaines de milliers d'ouvriers inoccupés et dans la misère, tandis qu'ils rendraient des services immenses à l'agriculture, et à eux-mêmes le bonheur qu'ils ont laissé dans leurs familles. De là s'ensuivrait que l'agriculture pourrait donner la nourriture à des prix modérés. Il en résulterait que les locaux inhabités que ces ouvriers occupaient dans les villes feraient baisser le prix des loyers.

Pour apporter une grande amélioration à l'agriculture en France, le gouvernement devrait faire venir de tous les pays des cultivateurs pratiques, des hommes entendus, dans nos fermes modèles. L'agriculture du Nord et celle du Midi sont différentes entre elles et diffèrent aussi de celle de France. Il existe en Hollande et en Belgique une agriculture supérieure à la nôtre. Leurs instruments, adaptés à l'application de l'agriculture, dans nos fermes modèles, se trouveraient en même temps des écoles dans lesquelles tous ces agriculteurs cultiveraient à la mode de leur pays. L'on verrait la culture la plus productive. Les hommes venus de tous les points du globe pourraient apporter des semences et des plantes qui seraient d'un grand produit en France. Tout ce qui serait reconnu pour n'être pas avantageux serait mis de côté, et l'on s'attacherait à tout ce qui pourrait être bon. Dans les différents voyages que j'ai faits pour visiter les fermes modèles ou de grandes exploitations agricoles, l'agriculture la mieux soignée que j'aie remarquée est dans l'établissement des Trappistes, notamment à la Meilleraye, près de Nantes, où il y a des religieux de tous les points de la terre et des hommes de toutes les classes. Là, chacun continue l'état qu'il professait dans son pays. Le travail qui rapporte le plus d'avantages est celui que l'on conserve; tous ces travaux sont soignés avec une supériorité extraordinaire; je n'ai jamais vu d'agriculture aussi productive. Tous les produits qui sortent de l'établissement ne laissent rien à désirer; j'ai vu des animaux de toute espèce et une vacherie comme il n'y en a pas en France. Cet établissement serait capable de servir de modèle à toute l'Europe.

Dans les améliorations que j'ai apportées à l'agriculture dans ma contrée, j'ai été aidé par un Hollandais, M. Van Castel, un des plus grands cultivateurs de la Hollande que j'avais souvent chez moi, et par M. François Kampis, de la Belgique, qui était le plus capable en culture de sa contrée. Il était des environs de Bruges, et l'un des hommes les plus versés dans toutes les sciences. Il a été mon homme d'affaires pendant de longues années. J'avais fait venir de Hollande et de Belgique des instruments d'agriculture perfectionnés, et je m'en suis servi pendant trente-cinq ou quarante ans. Des instruments semblables ont eu les premiers prix à l'Exposition universelle de Paris en 1855. En me servant ainsi moi-même, j'ai désiré que mes peines et mes dépenses fussent profitables à mon pays.

Dans les nombreux voyages que j'ai faits, je me suis toujours plu à visiter les divers musées de peinture et notamment ceux du Louvre et du Luxembourg; j'ai été étonné de n'y rencontrer aucune trace de tableaux représentant les grands corps d'exploitation d'agriculture.

Je me suis dit alors que l'agriculture, cette source principale de la prospérité publique, semblerait donc bien peu méritante, pour qu'aucun peintre, jusqu'à cette époque, ne lui ait consacré ses pinceaux et que la pensée n'en soit pas même venue aux notables des arts et des sciences.

Je le regrette d'autant plus vivement que l'agriculture, depuis si longtemps dédaignée, formerait, sous la palette d'un peintre de mérite, un admirable tableau destiné fructueusement à l'enseignement des personnes qui ne connaissent pas l'agriculture dans son harmonieux ensemble.

Il serait à désirer que le gouvernement fît faire des tableaux représentant des grands corps d'exploitation d'agriculture, dans tous leurs détails. On y trouverait des champs de culture de toute espèce; on y verrait des moissonneurs occupés à récolter. Puis ce serait des laboureurs avec leurs charrues traînées par des bœufs que des toucherons conduisent avec leur aiguillon ; puis des faucheurs, des faneurs et d'autres occupés à charrier des récoltes, à côté des prairies couvertes de bétail de toute espèce, des troupeaux de moutons avec leurs bergers et leurs chiens, des femmes occupées à tondre des moutons et d'autres à traire des vaches ; enfin tous les détails d'une grande exploitation, jusqu'aux volatiles de la basse-cour. Un pareil tableau donnerait l'idée de ce qu'est l'agriculture à des milliers de visiteurs qui ne l'ont jamais vue. Ils y apprendraient sans doute que l'agriculture est le premier état de l'homme, le plus utile aux besoins d'une nation. Elle pourrait donner à des milliers de personnes le désir d'être cultivateurs. L'agriculture donne la vie paisible et la santé, elle conduit à l'union et au bonheur des familles. La vie du cultivateur est libre comme l'air. Il n'a besoin que de la protection du chef de la nation et de Celui qui gouverne les saisons. Un gouvernement et heureux est fort quand les vivres sont à bon marché, car alors le peuple est paisible et content. Espérons que, sous le règne si prospère de Napoléon III, l'agriculture trouvera enfin un protecteur dans le chef de l'État.



FIN.

Paris. — Typ. Walder, rue Bonaparte, 44.

PARIS. — IMPRIMERIE DE WALDER, RUE BONAPARTE, 44.

www.ingramcontent.com/pod-product-compliance
Ingram Content Group UK Ltd.
Pitfield, Milton Keynes, MK11 3LW, UK
UKHW021036200726
13857UKWH00004B/1748